Le mostre del CreativeSet sono un progetto diretto da Silvana Annicchiarico

funcooldesign™

JoeVelluto (JVLT)

a cura di / *edited by*
Oliviero Toscani

Electa

La Triennale di Milano
Design Museum

uncooldesign™

fun ooldesign™

funcoo design™

funcoolde ign™

funcooldesig

LA TRIENNALE DI MILANO

La Triennale di Milano
Design Museum

MINI&Triennale CreativeSet

Fondazione Museo del Design

Consiglio d'Amministrazione
/Board of Directors
Arturo Dell'Acqua Bellavitis, *Presidente/President*
Mario Artali
Gianluca Bocchi
Flavio Caroli
Maria Antonietta Crippa
Carlo Alberto Panigo

Direttore Generale
/General Director
Andrea Cancellato

Collegio Sindacale
/Board of Statuatory Auditors
Salvatore Percuoco, *Presidente/President*
Maria Rosa Festari
Andrea Vestita

Triennale Design Museum

Direttore*/Director*
Silvana Annicchiarico

Producer attività museo
/Museum Activities Producer
Roberto Giusti

Collezioni e ricerche museali
/Collections & Museum Research
Marilia Pederbelli

Archivio del Design Italiano
/Italian Design Archives
Giorgio Galleani

Ufficio iniziative*/Projects Department*
Carla Morogallo

Ufficio stampa e Comunicazione
/Press Office and Communication
Damiano Gullì

Attività Triennale Design Museum Kids
/Triennale Design Museum Kids Activities
Michele Corna

Web designer
Cristina Chiappini, *Triennale Design Museum*
Studio Camuffo, *Triennale Design Museum Kids*

Logistica*/Logistics*
Giuseppe Utano

Laboratorio di Restauro, Ricerca e Conservazione*/Restoration, Research and Preservation Laboratory*
Barbara Ferriani, *coordinamento/coordination*
Alessandra Guarascio
Rafaela Trevisan

JoeVelluto (JVLT)
funcooldesign™
29 gennaio - 27 febbraio 2011

Coordinamento generale e produzione
/General Coordination and Production
Triennale Design Museum

A cura di*/Curated by*
Oliviero Toscani

Fotografie*/Photos*
Oliviero Toscani

Progetto Allestimento
/Set-up Design
JoeVelluto (JVLT) Studio

Si ringraziano*/Thanks to*
Eddy Antonello, Alberto Fabbian, Rocco Tamblè, Diamante Beghetto. Rachele Cantenne, Federico Costa, Fabio de Stefani, Eugenio Farina, Marco Martin, Sara Bozzini, Paola Margonari, Marco Chiurato, Sofia Pettenon, Elio Dainese.

Partner fondatori Triennale Design Museum
/Founder Partners of the Triennale di Milano

BPM Banca Popolare di Milano

MINI

Con il supporto di
/With the support of

Campari Soda

Si ringrazia per la collaborazione
/Thanks for collaboration to

MADE

funcooldesign™
8 | 9

SOMMARIO
/ Contents

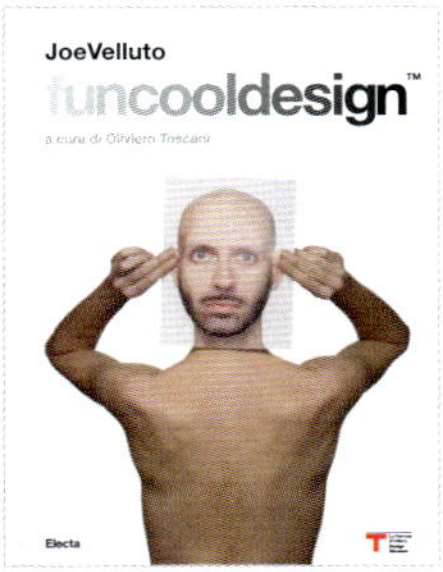

10 Il segno e il senso / *Sign and meaning* Silvana Annicchiarico
12 funcooldesign™ Oliviero Toscani
14 Corporate funcooldesign™
18 Progetti / *Projects* funcooldesign™
68 Campagna / *Campaign* funcooldesign™
78 Team
81 JoeVelluto (JVLT)

IL SEGNO E IL SENSO
/ Sign and meaning

Silvana Annicchiarico
Direttore / *Director*
Triennale Design Museum

Questa è una mostra palindroma. Che tu la prenda da una parte o da quella opposta, conduce sempre al medesimo punto: nel cuore delle contraddizioni e dei problemi che caratterizzano oggi il mondo del design.
Già la fotografia di Oliviero Toscani scelta per la copertina del catalogo è sottilmente e provocatoriamente anfibologica capace com'è di rappresentare un corpo contemporaneamente dal punto di vista anteriore e da quello posteriore. Da che prospettiva siamo invitati a guardare, di fronte a un'immagine come questa? Meglio: non è questa una di quelle immagini – oggi più che mai necessaria – che ci invitano a rimettere in discussione (o in riflessione) anche categorie compiutamente consolidate come quelle di "punto di vista" e di "prospettiva"?
Anche il titolo della mostra, del resto, è sottilmente ambiguo e bifido. Se lo leggi semantizzando gli aggettivi che lo compongono ("fun" e "cool") acquista un valore celebrativo e finto-trendy, ma se invece lo fonetizzi nella sua immediata valenza vernacolare ("fancul..."), acquista il valore ironico e provocatorio di un'invettiva liquidatoria.
JoeVelluto (JVLT) celebra il design nel momento in cui lo insulta. Lo guarda in faccia osservandone le terga. Lo ribalta. Lo rovescia. Lo svuota dall'interno e ci infila dentro qualcos'altro. Che cosa? Per ora mi sembra più importante capire che cosa viene espulso con questo procedimento. JoeVelluto (JVLT) espelle il feticismo dogmatico del rapporto forma-funzione. Irride il gergo critico, la sintassi involuta, l'aggettivazione recursiva. Tutto l'apparato retorico con cui storici, critici e accademici hanno celebrato l'epos del design viene messo a nudo. Viene irriso nel momento stesso in cui viene ancora una volta riutilizzato per produrre un vuoto di senso. Come gli oggetti progettati per questa mostra: inutili, forse. Ma sarebbe meglio dire indecidibili. Li vedi e non li riesci a collocare in nessuna delle tradizionali tipologie in cui si è soliti articolare il mondo del design (sedute, complementi d'arredo, lampade ecc.). Li osservi e, anche di fronte a loro, non capisci dov'è il davanti e dov'è il didietro. Non capisci se prevale il senso o il segno.
È "Adesign", dice JoeVelluto (JVLT). È una reazione al surplus del design nel mondo contemporaneo. Un intervento radicale sull'economia dello spreco che viene tanto più duramente contestata quanto più ironicamente accolta, fatta propria, sperimentata fino alle estreme conseguenze.
JoeVelluto (JVLT) non è un designer. È un avatar. Non è nemmeno un gruppo nel senso tradizionale del termine come potevano essere nella seconda metà del Novecento Memphis o gli Archizoom. Qui il gruppo c'è ma si cela dietro un'identità apparentemente individuale, composta ironicamente dalla sovrapposizione di tratti fisiognomici di ognuno dei membri del gruppo. JoeVelluto (JVLT) è il brand identitario del designer nell'era di facebook e del web 2.0: un social network designer che si fa attraversare da una parte all'altra dai flussi della comunicazione massmediale per spostare l'accento non più sull'utilità dell'oggetto ma sul suo significato.

Questa mostra conclude un biennio di iniziative espositive che Triennale Design Museum ha dedicato al nuovo design italiano. Due anni fa avevamo iniziato questo percorso con la personale dedicata a un designer attento alla ricadute sociali del proprio lavoro come Giulio Iacchetti, oggi chiudiamo il tragitto con una mostra dalla forte componente metalinguistica, che, invitando il design a riflettere su se stesso, apre una possibile prospettiva per il futuro. Palindroma, ovviamente: nel senso che non si sa se al futuro ci si deve ancora arrivare, o se, forse si è già andati oltre e bisogna raggiungerlo tornando indietro.

/ This is a palindromic exhibition. Whether you start from one end or the other, you always end up in the same place: at the heart of the contradictions and issues that characterize the world of design today.
Even the photograph by Oliviero Toscani chosen for the catalogue cover is cleverly and provocatively amphibological, capable as it is of representing the body from the back and front at the same time. Before an image such as this one, from which perspective are we being asked to look? Better yet: isn't this one of those images—more than ever necessary today—that once again invite us to call into question (or reflection) even such well-established categories as "point of view" and "perspective"?
Moreover, even the title of the exhibition is cleverly ambiguous and twin-pronged. If you read it by semanticizing the adjectives that make it up ("fun" plus "cool") it acquires a celebratory and fake-trendy meaning; but if you read it phonetically according to its immediate vernacular meaning ("fancul...") it takes on the ironic and provocative value of an insult in Italian language uttered to brush someone off.
JoeVelluto (JVLT) celebrates design at the same time as it insults it. It looks it in the face while observing it from behind. it turns it upside down. It turns it inside out. It empties it out and puts something else inside instead. But what? For now, I believe it's more important to understand what exactly is being expelled through this procedure. JoeVelluto (JVLT) expels the dogmatic fetishism of the form-function relationship. it mocks critical jargon, intricate syntax, the glottalized use of adjectives. The whole rhetorical apparatus with which historians, critics and academics have celebrated design epic is laid bare. It is being mocked at the very same time that it's being used once more to produce empty meanings. Like the objects designed for this exhibit: useless, perhaps. But maybe we should say undecidable. You see them, but you can't place them in any of the traditional typologies where the world of design is normally expressed (e.g. chairs, decorative objects, lighting, etc.). You look at them, and even when you're standing right there in front of them, you can't tell the front from the back. You can't make out whether what prevails is the sign or the meaning.
This is "Adesign," JoeVelluto (JVLT) tells us. It's a reaction to the design surplus in the contemporary world. A radical intervention on the economy of waste, that is as harshy criticized as it is ironically accepted, appropriated, experimented with until extreme consequences occur. JoeVelluto (JVLT) isn't a designer—it's an avatar. It isn't even a group in the traditional meaning of the term, the way Memphis or Archizoom were midway through the 20th century. Although there is a group here, it hides behind an apparently individual identity that ironically consists of the overlapping of the physical features of each of its members. JoeVelluto (JVLT) is the designer's identifying brand in the age of Facebook and Web 2.0: a designer social network that allows itself to be crossed from one end to the other by the flow of mass media communication, shifting the emphasis no longer onto the object's utility but onto its meaning.
This exhibition ends two years of events that the Triennale Design Museum has dedicated to new Italian design. Two years ago we had ventured down this path with a solo show devoted to a designer like Giulio Iacchetti, an artist who has always been very mindful of the social influence of his work, and today we end with an event with a strong metalinguistic component; an event that, by inviting design to reflect upon itself, opens up toward a future perspective. A palindromic one, of course: in the sense that we don't know whether we still need to get to the future, or whether we have perhaps already moved beyond it and can only catch up with it by moving backwards.

OGGI IL DESIGN NON È PIÙ L'ARMONIA DI TUTTE LE FUNZIONI, MA È UN FENOMENO DI MODA CHE SI COLLOCA TRA LA PROMOZIONE DELLE VENDITE, IL MARKETING E LA FUTILITÀ

/ Nowadays, design is no longer the harmony of all functions; it's a fashion phenomenon set among sales promotions, marketing and futility

Oliviero Toscani
curatore mostra funcooldesign™
/ curator funcooldesign™ exhibition

Oggi il design è diventato un fenomeno di moda, la "Gestalterei" ha perso il suo vero significato: non è più "l'armonia e la forma delle funzioni", l'attuale funzione del design si colloca tra la promozione delle vendite e la futilità delle cose disegnate. Il design è sempre più, purtroppo, un inutile ornamento modaiolo.
Si dice che Milano/Italia sia la capitale del mondo del design.
Forse lo è per le due settimane del Salone del Mobile (già questo titolo o nome suona veramente ridicolo, vecchio, e antidesign), per il resto dell'anno il design si trova solamente in qualche negozio in un paio di vie del centro, con i prezzi da ricco shopping, il design ormai è parte integrante con tutto quello che è "alla moda".
Quando atterro, per esempio, a Helsinki, immediatamente, già all'aeroporto, si vive il design, la grafica, l'illuminazione, l'architettura, i dettagli, i colori, le facce e l'abbigliamento dei giovani, i poster e le segnaletiche, gli edifici, tutto è design, tutto è stato disegnato pensando e in rapporto a una società contemporanea e moderna. Un esempio di design con funzione sociale.
La mediocrità è perdere di vista il fine attraverso i mezzi.
Alienazione, futilità e mediocrità sono i maggiori vizi della maggior parte del design moderno, perché tutto ciò che si ferma solamente alla forma, all'estetica, al colore, alla composizione formale è sempre mediocre, il design autentico non deve mai perdere di vista i fini assoluti della condizione umana, che deve essere la pura scelta dei suoi fini assoluti.
Quindi, dopo tanti anni di degenerazione e inutilità del design, ci ritroviamo a un punto di partenza. Spero che non tutti i mali (design) siano venuti per nuocere, ma che siano stati molto utili per farci capire di ricominciare da capo con nuova energia per un nuovo futuro.

/ Nowadays, design has become a fad; "Gestalterei" has lost its true meaning. No longer "the harmony and form of function," design's current function hovers between sales promotion and the futility of design objects. Alas, design is increasingly becoming a useless, "trendy" ornament.
They say that Milan/Italy is the world capital of design.
That may be true for the two weeks that the Salone del Mobile is being held (even the name sounds really silly, old-fashioned, actually anti-design), but for the remainder of the year the only place you can find design is in the odd shop located on just a few of the streets in the city center, with luxury price tags. In short, design has become part and parcel of "what's in style."
When I land in Helsinki, for instance, I haven't even left the airport and I'm already living and breathing design in the graphic art, lighting, architecture, details, colors, faces, young people's clothing, posters, signs, buildings; design is everywhere, carefully thought out and closely related to contemporary and modern society. It's an example of design with a social function.
Mediocrity means losing sight of the end by way of the means.
Alienation, futility and mediocrity are the worst sins in most modern design, because anything that stops short of form, aesthetics, color, formal composition will always be mediocre; real design should never lose sight of the absolute ends of the human condition, which has to be the mere choice of such ends.
So after years and years of decline and futility in design, we find ourselves once again at a starting point. My hope is that every cloud (i.e. design) will have a silver lining, and that clouds like these will instead help us understand that we need to start all over again with new energy for a new future.

1. logo design

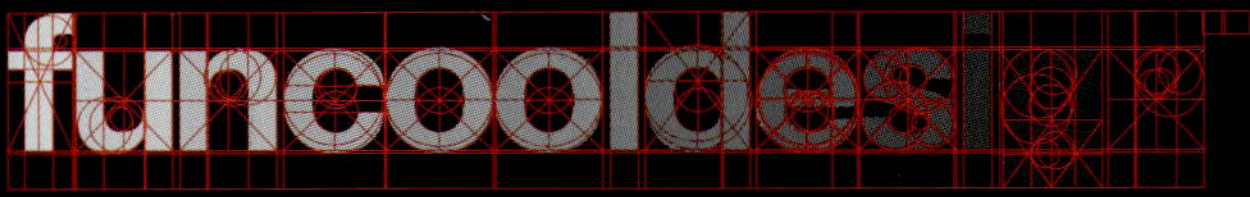

2. color palette

15% 22% 29% 36% 43% 50% 57% 64% 71% 78% 85% 92% 97%

3. corporate

4. exhibition design

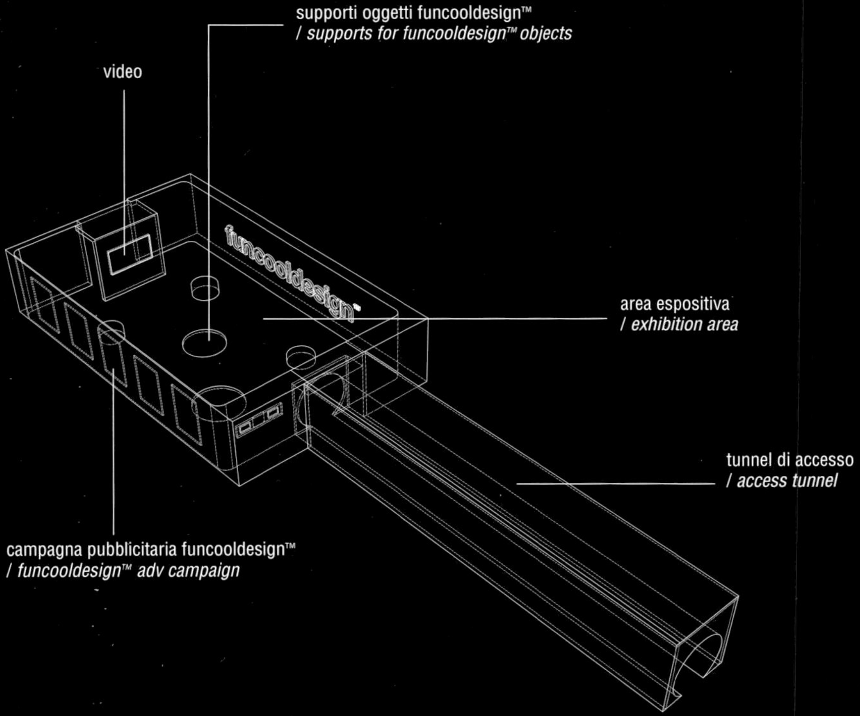

funcooldesign™

BELLO, SGABELLO, PORTAOMBRELLO, ANELLO, GIOIELLO, SNELLO, TOZZO, GIALLO, ANCOR PIÙ BELLO. MARKETING. PLASTICA, DRASTICA, MISTICA, STAMPO, ACCIAIO, ALLUMINIO, LEGNO. MARMO, TERRACOTTA, POLIPROPILENE.

/ Beautiful, stool, umbrella-holder, ring, jewel, slender, stocky, yellow, even more beautiful. Marketing.
Plastic, drastic, mystical, mold, steel, aluminum, wood. Marble, terra-cotta, polypropylene.

"Così semplice o complessa che sia, la forma diventa il guscio lasciato vuoto dalla scomparsa del simbolo: non bisogna dimenticare infatti che tutti gli elementi della decorazione ... hanno avuto in origine un valore simbolico, o anche rituale molto preciso."*

*/ "Whether simple or complex, form becomes a shell that is left empty by the disappearance of the symbol: we mustn't overlook the fact that all decorative elements ... originally had a symbolic value, or even a very precise ritual."**

PSR B1620-26c

Oggetto composto da elementi complementari.
La sua forma consente la collocazione nello spazio in diverse configurazioni. L'accostamento di volumi formalmente contrapposti, e il contrasto di un materiale naturale con superfici laccate e goffrate, determina il luogo che quest'oggetto dovrà abitare.

*/ Object made up of complementary elements.
Thanks to its form it can be situated in space in a variety of configurations. The match between formally opposing volumes and the contrast with natural material featuring lacquered and embossed surfaces determines the location that the object will eventually occupy.*

* tratto da / *from L'art abstrait* Librairie Générale Française, 1980

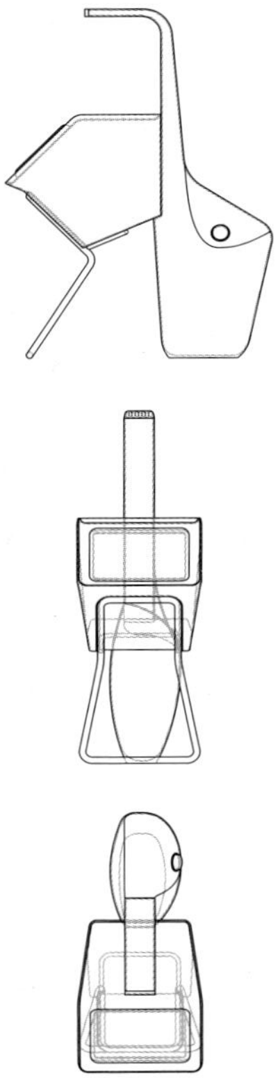

Progetto / *Project:* **PSR B1620-26c**

Anno / *Year:* 2011

Dimensioni / *Dimensions:* 50 x 105 x h 140 cm

Peso / *Weight:* 40 kg

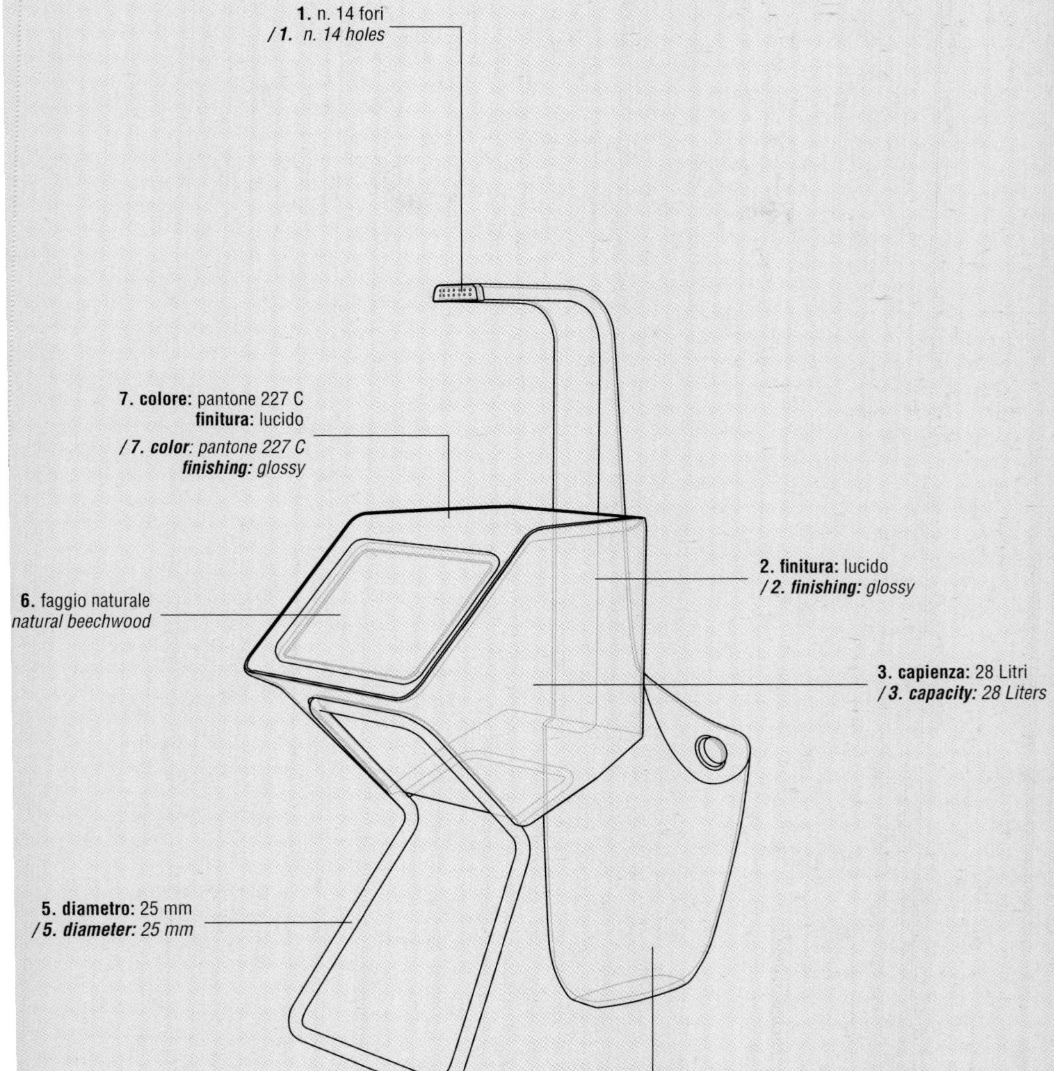
1. n. 14 fori
/ 1. n. 14 holes
7. colore: pantone 227 C
finitura: lucido
/ 7. color: pantone 227 C
finishing: glossy
6. faggio naturale
natural beechwood
2. finitura: lucido
/ 2. finishing: glossy
3. capienza: 28 Litri
/ 3. capacity: 28 Liters
5. diametro: 25 mm
/ 5. diameter: 25 mm
4. finitura: goffrato
/ 4. finishing: embossed

funcooldesign™

TRASFORMAZIONI SEMIOFORE, SALTI IMPROVVISI DI LOGICHE, RELAZIONI E INCONSISTENZA, INEVITABILITÀ. ATTENZIONE PRIMARIA. ORA D'ARIA, PRIMA D'ORA. MAI. FINORA.

/ Semiophore transformations, sudden leaps in logic, relations and inconsistency, inevitability.
Primary attention. Pause, before now. Never. Up to now.

"In questo modo il neoclassicismo, nel momento stesso in cui impoverisce l'arte, favorisce la riflessione estetica.
Il suo ideale muore, ma il miraggio di una forma perfetta, il formalismo da lui generato, sopravvive."*

*"Hence, no sooner does Neoclassicism diminish art than it favors aesthetic analysis. Its ideal dies out, but the mirage of a perfect form, the formalism generated by it, lives on."**

2M1207

Oggetto free-standing con foro passante.
La dinamicità del volume arricchisce il segno, in totale relazione con la cromia ottenuta da superfici fredde, dalle linee sinuose, strumentali all'utilizzo del cuoio ricamato.

*/ Free-standing object with a through-hole.
The dynamism of the volume enriches the sign, which relates completely to the color achieved by the cold surfaces and curvy lines, essential to the use of embroidered leather.*

* tratto da / *from L'art abstrait* Librairie Générale Française, 1980

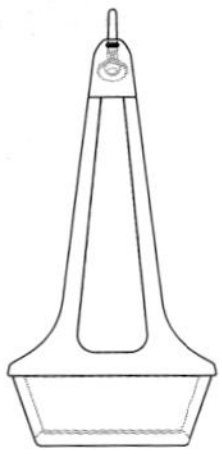

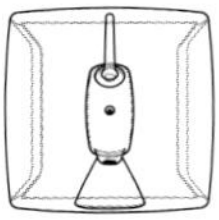

Progetto / *Project:* 2M1207

Anno / *Year:* 2011

Dimensioni / *Dimensions:* 40 x 40 x h 75 cm

Peso / *Weight:* 15 kg

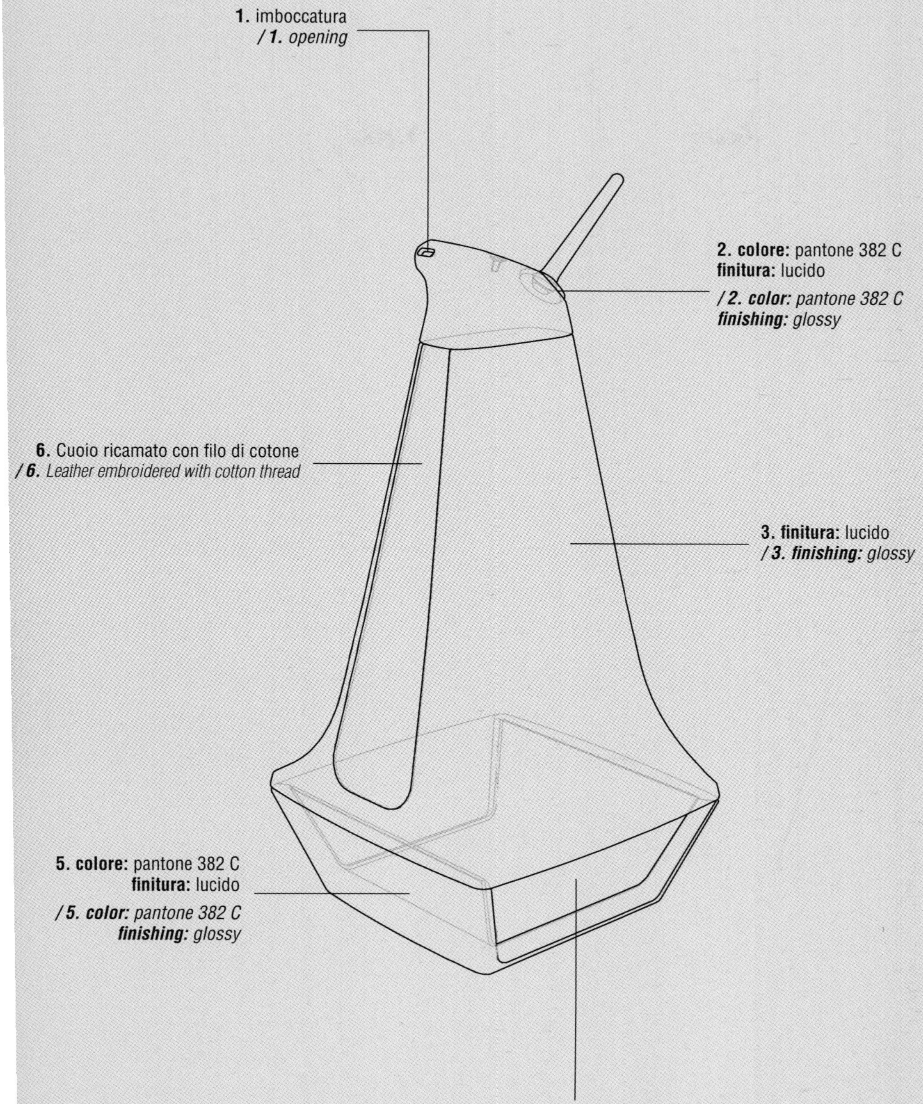
1. imboccatura
/ ***1.*** *opening*
2. colore: pantone 382 C
finitura: lucido
/ ***2. color:*** *pantone 382 C*
finishing: *glossy*
6. Cuoio ricamato con filo di cotone
/ ***6.*** *Leather embroidered with cotton thread*
3. finitura: lucido
/ ***3. finishing:*** *glossy*
5. colore: pantone 382 C
finitura: lucido
/ ***5. color:*** *pantone 382 C*
finishing: *glossy*
4. foro passante
/ ***4.*** *through-hole*

funcooldesign™

E POI, PRENDERE, INCOLLARE, APPROPRIARE. 3.825.627. AVANGUARDIA, MERCATO GLOBALE, BELLO, SENTIMENTO, EMOZIONE, OSSERVAZIONE, BLU, GESTI, SCHIZZI, ANTROPOLOGIA, ECOSOSTENIBILITÀ. EGO SOSTEGNO, EGO SOSPENSIONE, EGO SOSTENUTO, DAVANTI, DIETRO, DIETROLOGIA. LOGÒS, NOS, EGO SUM ERGO NON COGITO.

/ And then, take, stick on, appropriate. 3.825.627. Avant-garde, global market, beautiful, feeling, emotion, observation, blue, gestures, sketches, anthropology, eco-sustainability. Ego-sustenance, ego-suspension, ego-sustained, in front, behind, back to the past. Logòs, nos, ego sum ergo non cogito. Logòs, nos, ego sum ergo non cogito.

"Invece di andare verso l'oggetto analizzandone la forma, bisogna partire dal comportamento del soggetto e, di lì, affrontare la forma: affrontarla cioè dall'interno, considerandola come un'intenzione e non come un risultato."*

*/ "Instead of moving in the direction of the object in order to analyze its form, you need to start from the subject's behavior, and deal with form from there: that is, from the inside, considering it as an intention and not a result."**

PSR 1257+12

Cambi di piano, spessori e materiali determinano un percorso utile a raggiungere un valore plastico preciso. L'utilizzo di raggiature nette accresce la coerenza volumetrica, nel rispetto di materiali caldi come il legno e il feltro.

/ Changes in the plane, density and materials used provide a path that can easily be followed to achieve a specific plastic value. The use of clean-cut rays enhances the coherence of the volume, in line with warm materials like wood and felt.

* tratto da / *from L'art abstrait* Librairie Générale Française, 1980

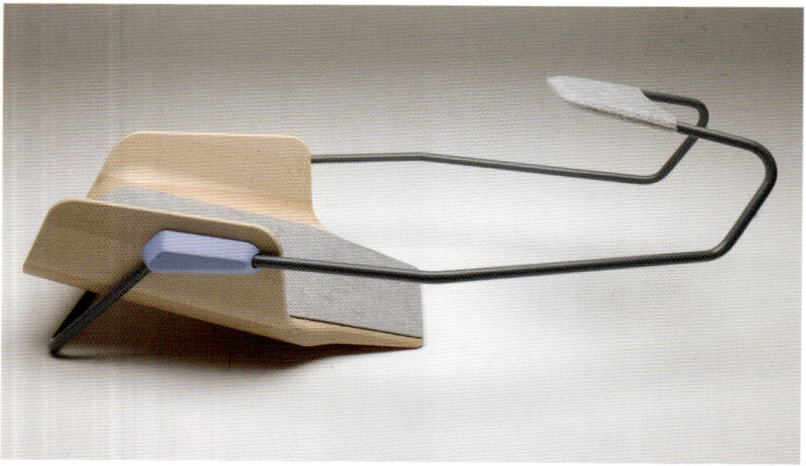

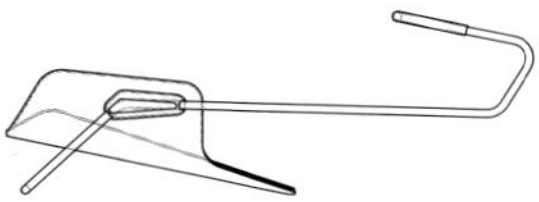

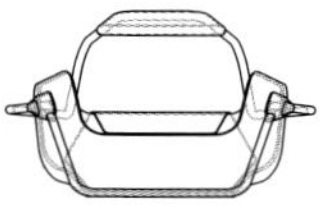

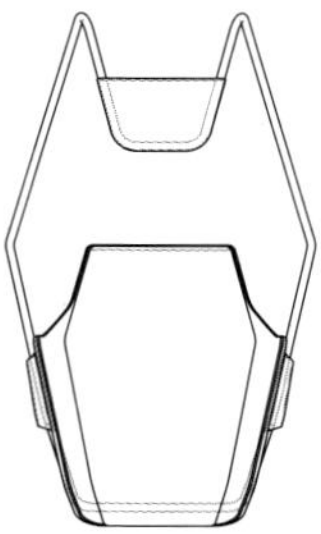

Progetto / *Project:* **PSR B1620-26c**

Anno / *Year:* 2011

Dimensioni / *Dimensions:* 130 x 75 x h 50 cm

Peso / *Weight:* 25 kg

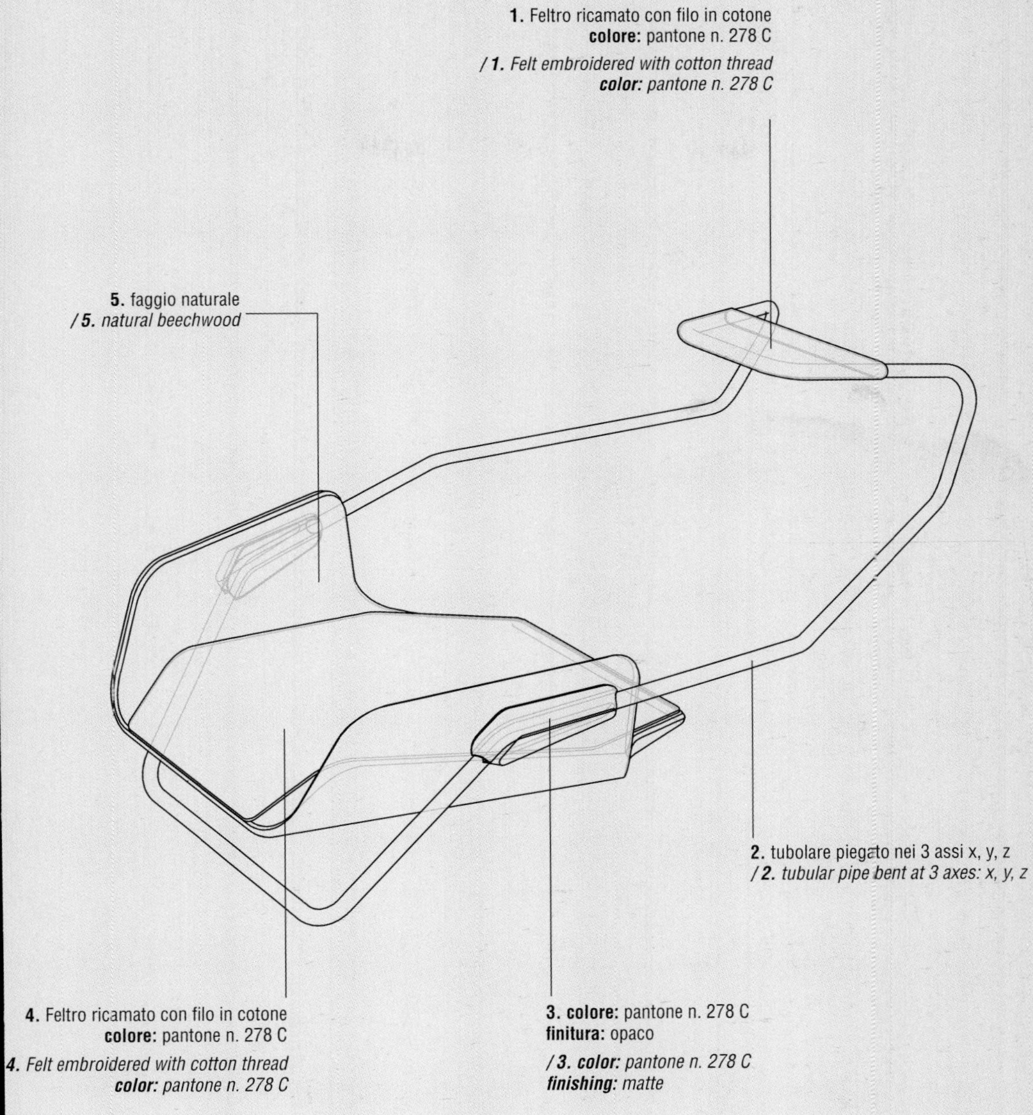
1. Feltro ricamato con filo in cotone
colore: pantone n. 278 C
*/ **1.** Felt embroidered with cotton thread*
__color:__ pantone n. 278 C
5. faggio naturale
*/ **5.** natural beechwood*
2. tubolare piegato nei 3 assi x, y, z
*/ **2.** tubular pipe bent at 3 axes: x, y, z*
4. Feltro ricamato con filo in cotone
colore: pantone n. 278 C
*/ **4.** Felt embroidered with cotton thread*
__color:__ pantone n. 278 C
3. colore: pantone n. 278 C
finitura: opaco
*/ **3. color:** pantone n. 278 C*
__finishing:__ matte

funcooldesign™

LA RIFLESSIONE SPONTANEA È CHE I'M DESIGNER THAN YOU. NO, I'M THE DESIGNEST DIREBBE QUALCUN ALTRO. POCHE LETTERE, MESCOLATE: C D K L O H Q A V A H A J E A B. NUMERAZIONE: EURO 0 7 2 9 5 3 2 8 0 8. DOLLARI, RUPIE INDIANE, RENMINBI YUAN, E INFINE FRANCO SVIZZERO.

/ The spontaneous reflection might be I'm designER than you. No, I'm the designEST, someone else might say. Just a few mixed-up letters: c d k l o h q a v a h a j e a b. Numbering: euro 0 7 2 9 5 3 2 8 0 8.
Dollars, Indian rupies, Renminbi yuán, and, lastly, the Swiss franc.

"La creazione di un'opera è essenzialmente una volontà di forma che si realizza obbedendo alle norme della visione: il soggetto è soltanto apparenza."*

*"The creation of a work is essentially a willingness of form, produced by obeying the rules of vision: the subject is just appearance."**

OGLE-TR-56b

La struttura neutra, data da curve pure, è strumentale alla qualità del segno.
Le semi-trasparenze ottenute dall'utilizzo del vetro fumé suggeriscono riflessi rilassanti.
Morbidezza e intensità accompagnano movimento e motivo.

/ *The neutral structure, derived from pure curves, is instrumental in the quality of the sign.*
The semi-transparencies achieved by using tinted glass evoke relaxing reflections.
Both softness and intensity accompany movement and motif.

* tratto da / *from L'art abstrait* Librairie Générale Française, 1980

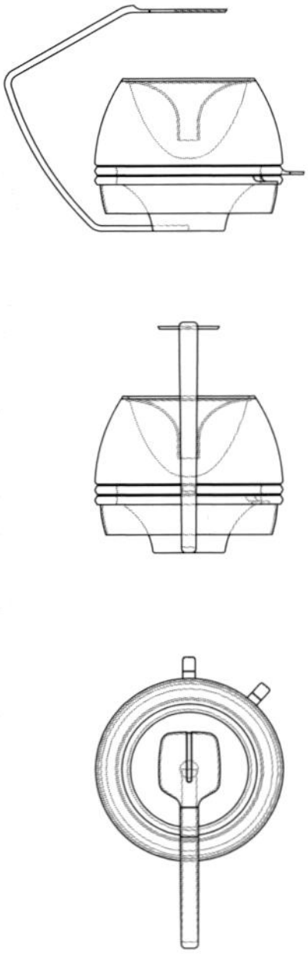

Progetto / *Project:* OGLE-TR-56b

Anno / *Year:* 2011

Dimensioni / *Dimensions:* 26,5 x 42 x h 32,6 cm

Peso / *Weight:* 3 kg

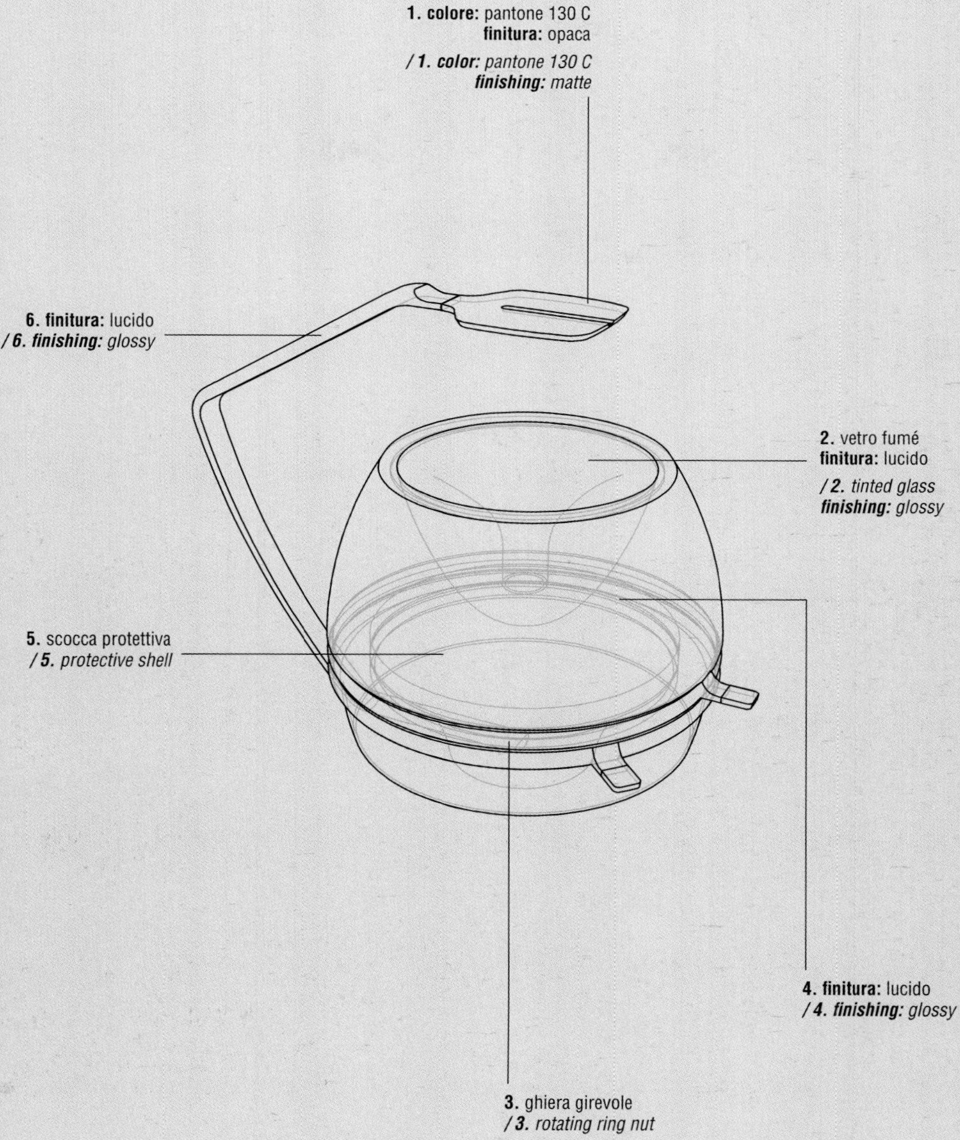
1. colore: pantone 130 C
finitura: opaca
*/ **1. color:** pantone 130 C*
***finishing:** matte*
6. finitura: lucido
*/ **6. finishing:** glossy*
2. vetro fumé
finitura: lucido
*/ **2.** tinted glass*
***finishing:** glossy*
5. scocca protettiva
*/ **5.** protective shell*
4. finitura: lucido
*/ **4. finishing:** glossy*
3. ghiera girevole
*/ **3.** rotating ring nut*

funcooldesign™

CATASTROFI ELEMENTARI, VANTAGGIO DI RESTITUZIONE, LINEE DI SVILUPPO POTENZIALE, FORMA SECONDO LOGICA IMMANENTE.
ASPETTO PARADIGMATICO, ASPETTO SINTAGMATICO, ASPETTO DINAMICO DELLA FORMA. FENOMENO DI SENSO SENZA SENSO.

/ Elementary catastrophes, the advantage of restitution, lines of potential development, form according to immanent logic.
Paradigmatic appearance, syntagmatic appearance, the dynamic appearance of form. Nonsensical sensible phenomena.

"Una forma può essere significativa, bella, soddisfacente per lo spirito e per l'occhio anche quando non rappresenta nulla."*

*/ "A form can be significant, beautiful; it can fulfill the spirit and the eye even when it doesn't necessarily represent anything."**

GJ 317

Il valore assunto attraverso la tensione di linee primitive accresce la circostanza di segno.
La sottrazione delinea elementi primitivi, semplicità e raffinatezza. Il bianco associato alla delicatezza acquista un suono ammorbidito.

/ The value acquired through the tension of primitive lines enhances the circumstance of sign.
Subtraction traces out primitive elements, simplicity, refinement. The color white associated with delicacy acquires a softened tone.

* tratto da / *from L'art abstrait* Librairie Générale Française, 1980

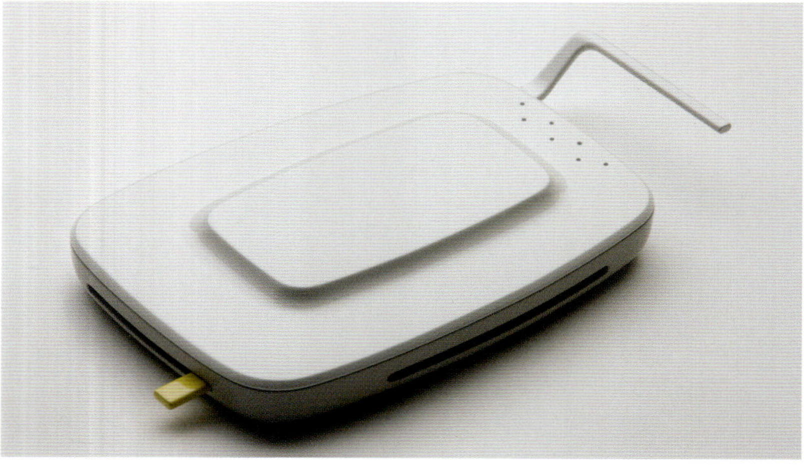

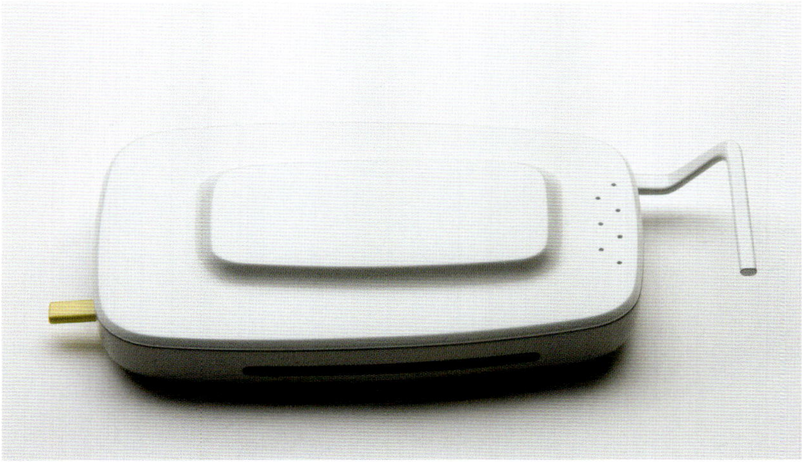

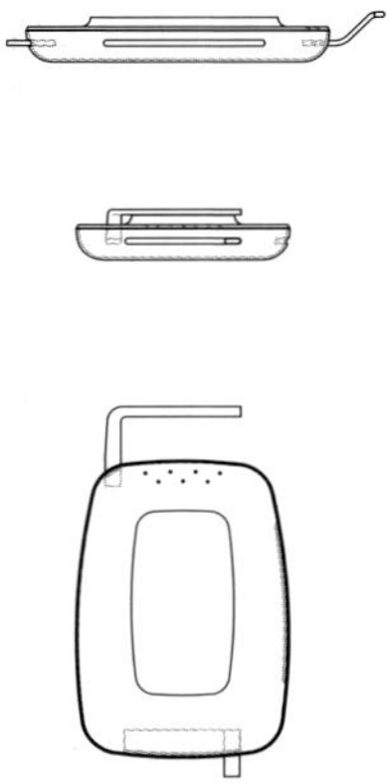

Progetto / *Project:* GJ 317

Anno / *Year:* 2011

Dimensioni / *Dimensions:* 30 x 17 x h 3,5 cm

Peso / *Weight:* 0,4 kg

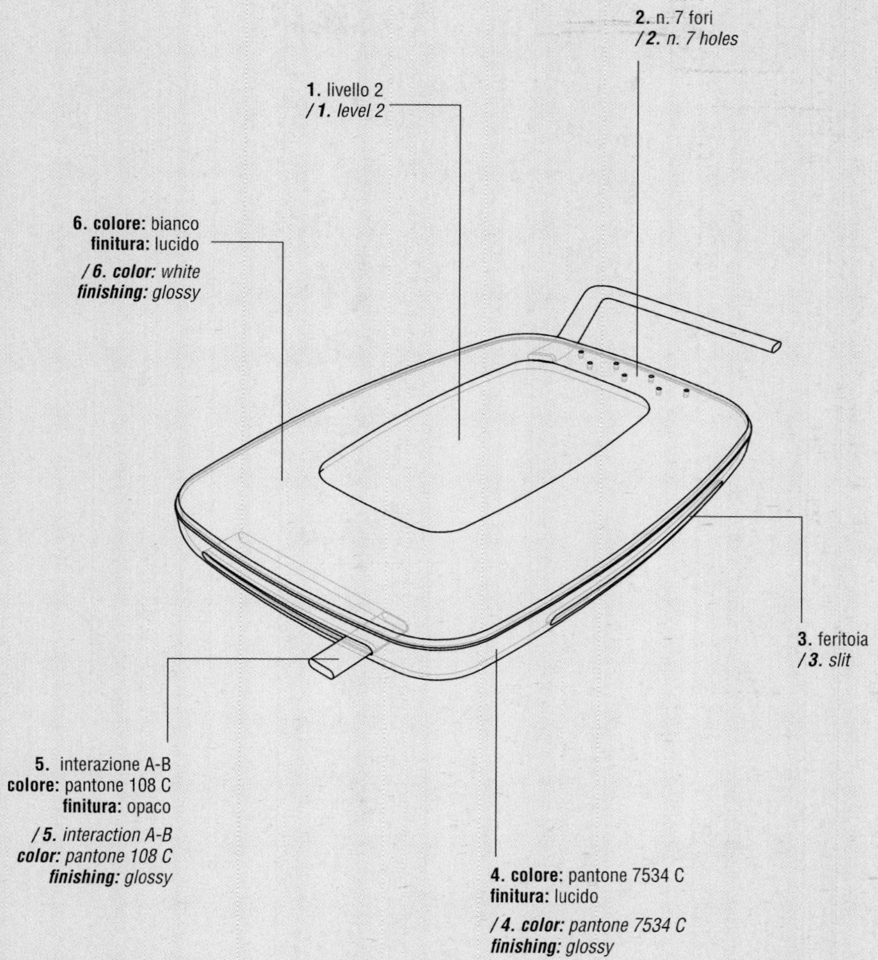
2. n. 7 fori
*/ **2.** n. 7 holes*
1. livello 2
*/ **1.** level 2*
6. colore: bianco
finitura: lucido
*/ **6. color:** white*
***finishing:** glossy*
3. feritoia
*/ **3.** slit*
5. interazione A-B
colore: pantone 108 C
finitura: opaco
*/ **5.** interaction A-B*
***color:** pantone 108 C*
***finishing:** glossy*
4. colore: pantone 7534 C
finitura: lucido
*/ **4. color:** pantone 7534 C*
***finishing:** glossy*

funcooldesign™

CI TROVIAMO DAVANTI A COMBINAZIONI GLOTTOLOGICHE CONCETTUALI, AMBIGUE, SUPERFICIALI. MARKETING.

/ We find ourselves faced with conceptual glottological combinations, both ambiguous and superficial. Marketing.

uncooldesign™

R B1620-26c
gn JoeVelluto (JVLT)

fun ooldesign™

207
n JoeVelluto (JVLT)

funcoo design™

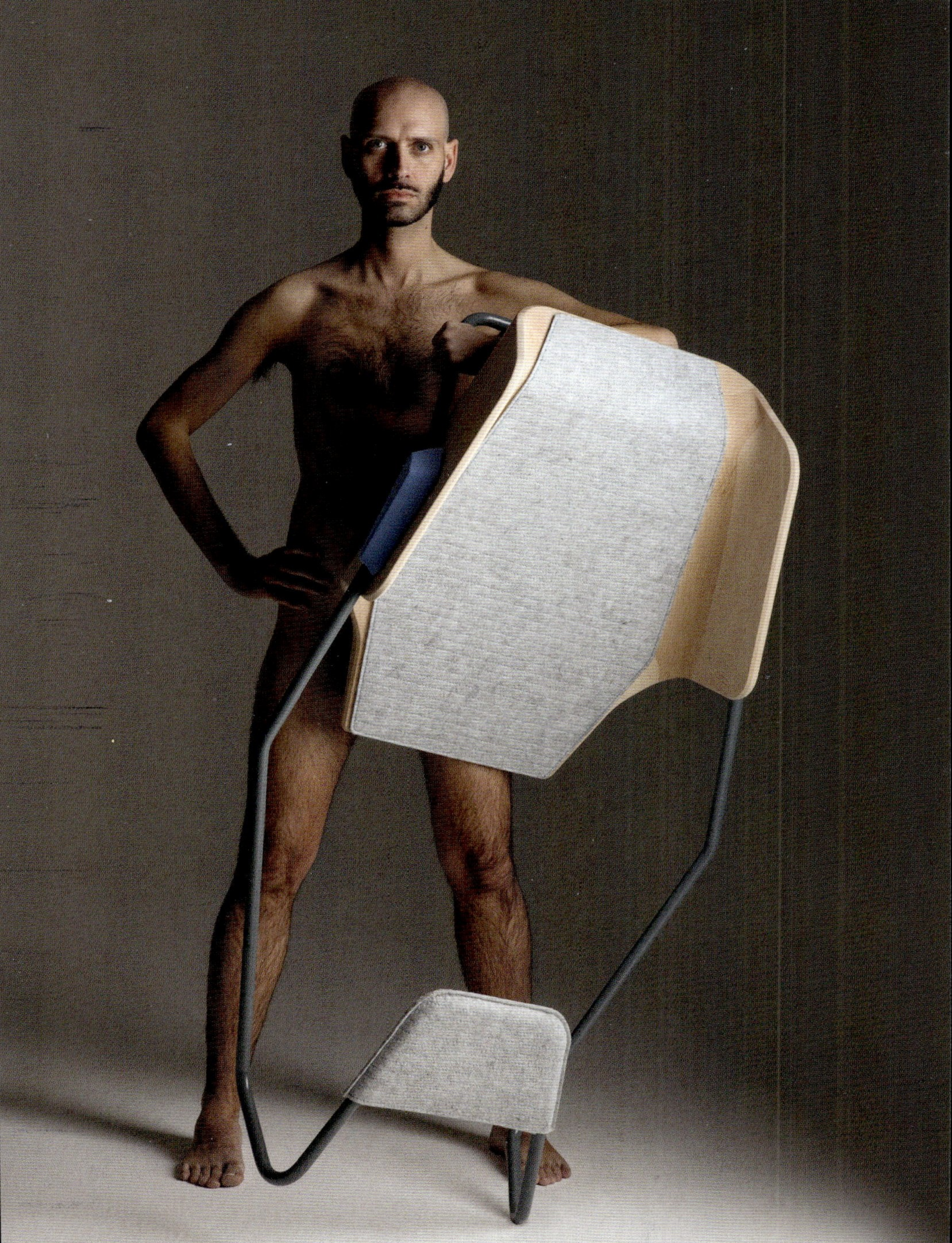

R 1257+12
ign JoeVelluto (JVLT)

funcoolde ign™

LE-TR-56b
gn JoeVelluto (JVLT)

funcooldesig

317
n JoeVelluto (JVLT)

TEAM

Oliviero Toscani
curatore / *curator*

Andrea Maragno
art director

Sonia Tasca
visual designer

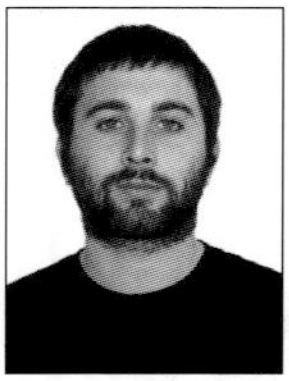

Eddy Antonello
designer/prototyper

Alberto Fabbian
designer

Coordinamento editoriale
/ Editorial coordination
Cristina Garbagna

Coordinamento grafico
/ Graphic coordination
Angelo Galiotto

Progetto grafico
/ Graphic Design
JoeVelluto (JVLT) Studio

Logo funcooldesign™
/ funcooldesign™ logotype
Oliviero Toscani Studio

Coordinamento tecnico
/ Technical coordination
Andrea Panozzo

Controllo qualità
/ Quality control
Giancarlo Berti

Traduzioni
/ Translations
Sylvia Notini

Questo volume è stato stampato per conto di Mondadori Electa S.p.A.
presso lo stabilimento Mondadori Printing S.p.A. Verona nell'anno 2011

JVLT™

JoeVelluto (JVLT) studio di design e comunicazione con sede a Vicenza. Nel 2002, per il concorso "Opos Under 35", presenta "RosAria", corona del rosario usa e getta in pluriball, il primo progetto ufficiale che presto entra a far parte di alcune collezioni permanenti di design in Italia e all'estero.
Tra le tappe più significative: nel 2005 presenta il libro *Salefino: nuovi sapori dal design italiano*, Editrice Abitare Segesta; nel 2006 lancia con C. Morozzi il progetto di comunicazione "Nazionale Italiana Design" abbinato al nuovo brand "CoincasaDesign"; dal 2006 cura progetti d'allestimento e installazioni; dal 2007 svolge attività di visiting professor e docenza presso numerose università e istituti italiani tra i quali Scuola Italiana Design (PD), Scuola Politecnica di Design (MI), Naba (MI), Istituto Marangoni (MI), Polimoda (FI); nel 2008 il progetto "Saver" di Coroitalia viene segnalato dall'ADI Design Index.
Nel novembre dello stesso anno presenta la mostra/manifesto "UseLess Is More" – prima interpretazione del concetto di Adesign, dalla quale prende il nome l'omonimo libro distribuito da Corraini.
Attualmente JoeVelluto (JVLT) collabora con alcune realtà editoriali e cura il coordinamento artistico di varie aziende.
JoeVelluto (JVLT) ha collaborato con: Abet Laminati, Bosa Ceramiche, Diadora, Coop, Coroitalia, Editrice Abitare Segesta, Euro 3 Plast, F.lli Guzzini, Gas Jeans, Gruppo S. Pellegrino, Gruppo Coin, iB Rubinetterie, Killer Loop, Lorenz, Mandarina Duck, Meritalia, Mondadori, Nordica, Pandora Design, Pitti Immagine, Richard Ginori, Rollerblade, Sisley, Sealkay Independent, Sonus Faber, Trend Group.

JoeVelluto (JVLT) is a design and communications studio located in Vicenza. In 2002 it entered the competition "Opos Under 35" with "RosAria," disposable rosary beads made from bubblewrap, the studio's first official project which soon became part of a number of permanent design collections both in Italy and abroad.
The following is a list of the studio's most significant events: in 2005 it presented the book Salefino: nuovi sapori dal design italiano, *Editrice Abitare Segesta; in 2006, together with C. Morozzi, it launched the communications project "Nazionale Italiana Design" alongside a new brand called "CoincasaDesign"; since 2006 it has worked on projects for display design and installations; since 2007 members of the studio have been invited as visiting professors and held teaching posts at several Italian universities and institutes including the Italian School of Design in Padua, the Milan Polytechnic School of Design, the Naba in Milan, the Istituto Marangoni in Milan, Polimoda in Florence.*
In 2008 the Coroitalia project "Saver" received a mention in the ADI Design Index. In November of the same year the studio presented the exhibition/event "UseLess Is More"–the very first interpretation of the concept of Adesign; the title was also used for a book published by Corrain.
JoeVelluto (JVLT) currently works in the publishing sector for companies; it also does consulting as well as artistic coordination for several firms.
JoeVelluto (JVLT) has worked with: Abet Laminati, Bosa Ceramiche, Diadora, Coop, Coroitalia, Editrice Abitare Segesta, Euro 3 Plast, F.lli Guzzini, Gas Jeans, Gruppo S. Pellegrino, Gruppo Coin, iB Rubinetterie, Killer Loop, Lorenz, Mandarina Duck, Meritalia, Mondadori, Nordica, Pandora Design, Pitti Immagine, Richard Ginori, Rollerblade, Sisley, Sealkay Independent, Sonus Faber, Trend Group.

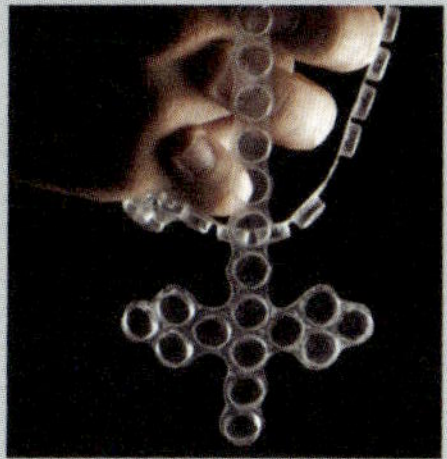

RosAria
2002, design: A. Maragno, S. Tasca, V. Bozzato

Corona del rosario usa e getta.
materiale: pluriball (polietilene riciclabile)
produzione: autoproduzione

/ Disposable rosary.
/ *material: bubblewrap (recycled polyethylene)*
/ *production: self-production*

New Bottle's Game
2003

Gioco della bottiglia in scatola.
materiale: cartone, nylon
produzione: autoproduzione

/ Spin-the-bottle game (toy).
/ *material: cardboard, nylon*
/ *production: self-production*

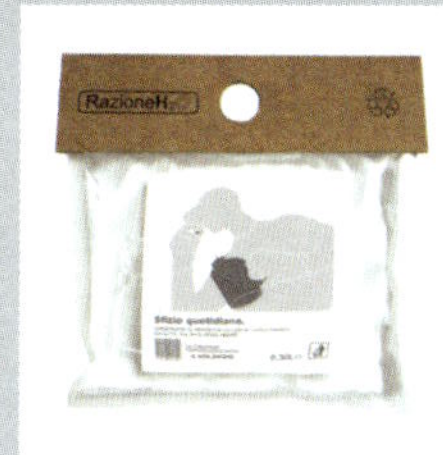

Razione H2O
2003

Razione d'acqua monouso.
materiale: nylon, cartone, carta adesiva, acqua
produzione: prototipo
mostra a invito "Acqua" - Opos, Milano

/ Disposable water ration.
/ *material: nylon, cardboard, paper, water*
/ *production: prototype*
/ *"Water" exhibition by invitation - Opos, Milan*

Bon Ton
2004

Salvietta da avambraccio.
materiale: cotone, fettuccia elastica
produzione: Pandora Design, collezione "Pankdora"

/ Forearm serviette.
/ *material:* cotton, elastic ribbon
/ *production: Pandora Design, "Pankdora" collection*

King Plate
2004

Piattino per cocktail, monouso.
materiale: PLA (polilattide)
produzione: Pandora Design, collezione "Pankdora"

/ Disposable cocktail plate.
/ *material: PLA (polilactide)*
/ *production: Pandora Design, "Pankdora" collection*

Mr Hide
2004

Portazerbino con vano per nascondere la chiave.
materiale: legno
produzione: prototipo

/ Doormat holder with a hiding place for keys.
/ *material: wood*
/ *production: prototype*

Perfect World
2004

Sementi da Agricoltura Seriale.
materiale: semi, alluminio in fogli
produzione: prototipo
mostra a invito "New Agriculture" - Opos, Milano

/ Serial Farm Seeds.
/ material: seeds, aluminum sheets
/ production: prototype
/ "New Agriculture" exhibition by invitation - Opos, Milan

Sealkay Independent
2004-2007

Grafica per abbigliamento, accessori, hang tag, collezioni uomo e donna.
produzione: Sealkay Independent

/ Graphic art for clothing, accessories, hang tags, men's and women's collections.
/ production: Sealkay Independent

Tiffany
2004

Piattino/anello in argento.
materiale: argento
production: Pandora Design, collezione "Pankdora"

/ Silver dish/ring.
/ material: silver
/ production: Pandora Design, "Pankdora" collection

WarMug
2004

Mug con manico avvolgente "scalda-mani".
materiale: ceramica
production: Bosa Ceramiche

/ Pottery mug with long "hand-warmer" handle.
/ material: ceramic
/ production: Bosa Ceramiche

DoNotDisturb
2005

Boccia per pesci con zona "privé".
materiale: vetro pirex
production: Massimo Lunardon, collezione "Mi Waku"

/ Blown-glass fishbowl with a "private" area.
/ material: pyrex glass
/ production: Massimo Lunardon, "Mi Waku" collection

Memoria
2005

Lampada contaminuti (di luce).
materiale: policarbonato, display digitale
production: Ono Luce

/ Timer lamp (light).
/ material: polycarbonate, digital display
/ production: Ono Luce

Piantana
2005 - project assistant: A. Busana

Lampada per esterni e interni.
materiale: PE, metallo, terracotta
produzione: Luce Pura

/ Indoor/ outdoor lamp.
/ material: PE, metal, terracotta
/ production: Luce Pura

Salefino
2005

Libro ideato e curato da JoeVelluto (JVLT), che racconta il design attraverso l'illustrazione e la fotografia, mescolate a nuove tecniche di stampa.
produzione: Editrice Abitare Segesta.

/ Book conceived and edited by JoeVelluto (JVLT) that uses illustrations and photographs to tell the story of design, combined with new printing techniques.
/ production: Editrice Abitare Segesta.

Humprey
2006

Vaso. Rivisitazione contemporanea di un'anfora classica.
materiale: PE stampato in rotazionale
produzione: Euro 3 Plast, brand "PLUST Collection"

/ Pot. Contemporary reinterpretation of a classical amphora vase.
/ material: PE rotomolding
/ production: Euro 3 Plast, "PLUST Collection" brand

Nazionale Italiana Design (NID)
2006, concept JoeVelluto (JVLT) + C. Morozzi

Progetto di comunicazione. La NID è costituita da 22 designer fuoriclasse, pronti a scendere in campo a favore del design italiano, e disposti ad andare in trasferta per affermarsi a colpi di creatività.

/ Communication project. NID is made up of 22 undisputed champions of design, ready to take the field in favor of Italian design and willing to play away games if it means using creativity to win.

ABC Keyboard
2006 - project assistant: E. Antonello

Tastiera con "tasti calligrafici" per educare al "recupero" della calligrafia perduta.
materiale: plastica
mostra a invito "Transformer" - Opos, Milano

/ Keyboard with "handwriting keys" used as a teaching tool to restore the lost art of handwriting.
/ material: plastic
/ "Transformer" exhibition by invitation - Opos, Milan

Pimp my (Ikea) Chair
2006 - project assistant: E. Antonello

Sedia Ikea "pimpata".
materiale: legno, PVC, tessuto
mostra a invito "Transformer" - Opos, Milano

/ "Pimped" Ikea chair.
/ material: wood, PVC, fabric
/ "Transformer" exhibition by invitation - Opos, Milan

Italian Ghetto
2006

Progetto di allestimento che ricrea le atmosfere dei tipici quartieri popolari italiani.
produzione: fiera "Pitti Uomo" - Pitti Immagine, Firenze

/ Exhibit design project representing the atmosphere of typical working-class Italian neighborhoods.
/ production: "Pitti Uomo" exhibition fair - Pitti Immagine, Florence

Soft Porn
2006

Progetto di allestimento d'ispirazione boudoir.
produzione: Pitti Immagine - fiera "Pitti Uomo", Firenze

/ Exhibit design project inspired by the boudoir.
/ production: "Pitti Uomo" exhibition fair - Pitti Immagine, Florence

Prince and Pauper
2006

Libreria modulare, con vano frontale per testi eruditi e uno laterale per testi frivoli.
materiale: ebano, serigrafia, faggio sabbiato
produzione: Meritalia

/ Modular cabinet with a space in the front for serious reading and one at the side for lighter fare.
/ material: ebony, silk screen printing, sanded beechwood
/ production: Meritalia

Saver
2006

Diffusore/doccia universale per bottiglie in PET.
materiale: PP (polipropilene)
produzione: Coroitalia

/ Diffuser/universal shower for bottles in PET.
/ material: PP (polypropylene)
/ production: Coroitalia

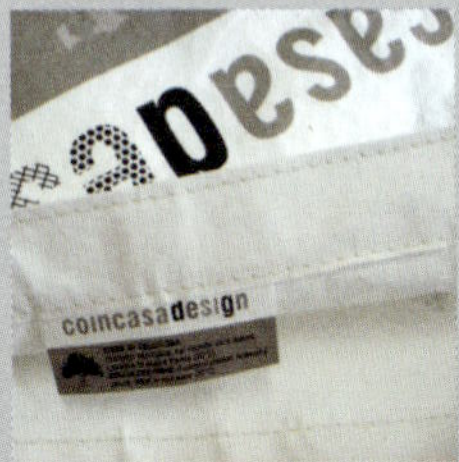

Coincasadesign
2007

Progetto di logotipo e immagine coordinata, packaging.
materiale: cellulosa, carta e cartone riciclabile
produzione: Gruppo Coin, brand "Coincasadesign"

/ Logotype project, corporate image and packaging.
/ material: cellulose fiber, paper, and recycled cardboard

Open House
2007 - project assistant: A. Busana

Progetto di allestimento per il lancio del brand Coincasadesign: l'icona di casa si dischiude con un effetto caleidoscopico per offrirsi come pedane.
produzione: Gruppo Coin, brand "Coincasadesign"

/ Exhibit design project to launch the Coincasadesign brand: the icon of a house that opens up with a kaleidoscope effect and turns into a platform.

DoorMad
2007

Zerbino con dente ferma porta.
materiale: cocco
produzione: Gruppo Coin, brand "Coincasadesign"

/ Doormat with a notched doorstop.
/ material: coconut
/ production: Gruppo Coin, "Coincasadesign" brand

Er Rompiova
2007

Ciotola/sbattitore per rompere e sbattere le uova.
materiale: plastica
produzione: F.lli Guzzini

/ Bowl for breaking and beating eggs.
/ material: plastic
/ production: F.lli Guzzini

Potere al Silenzio
2007

Progetto grafico per manifesto/campagna.
materiale: carta
mostra a invito "Festival del Silenzio" - Treviso

/ Graphic design for a poster/campaign.
/ material: paper
/ "Festival del Silenzio" exhibition by invitation - Treviso

GreenCommunication
2007

Set di 4 "vasi comunicanti".
materiale: terracotta
produzione: prototipo, Cotto Chiti

/ Set of 4 earthenware "connecting vases."
/ material: terracotta
/ production: prototype, Cotto Chiti

Assalamu Alaikum
2007

Modulo grafico per laminato artistico.
materiale: laminato plastico
produzione: Abet Laminati
mostra a invito "Indagini tra decor e decus" - Milano

/ Graphic module for artistic laminate.
/ material: plastic laminate
/ production: Abet Laminati
/ "Indagini tra decor e decus" exhibition by invitation - Milan

Naturally Italian
2007

Progetto grafico di allestimento che rappresenta l'unione della tecnologia con la storia dello "stile italiano" di Lorenz.
produzione: Lorenz

/ Exhibit design project representing the union between technology and the story of Italian style by "Lorenz."
/ production: Lorenz

Night & Day
2007

Lampada a sospensione.
materiale: vetro soffiato, metallo, LED
produzione: Ruggiu Srl, brand "LightStyle"

/ Pendant lamp.
/ material: blown glass, metal, LED
/ production: Ruggiu Srl, "LightStyle" brand

Off-Line
2007

Progetto di allestimento realizzato con cavi tranciati per rappresentare la disconnessione dalla rete.
produzione: Pitti Immagine - fiera "Pitti Uomo", Firenze

/ Exhibit design project made from cut cables representing disconnection from the net.
/ production: Pitti Immagine - exhibition fair "Pitti Uomo," Florence

RunAway
2007

Telo da pic-nic, trasformabile in sacco con tracolla.
materiale: nylon
produzione: Invicta

/ Picnic ground-sheet/shoulder bag.
/ material: nylon
/ production: Invicta

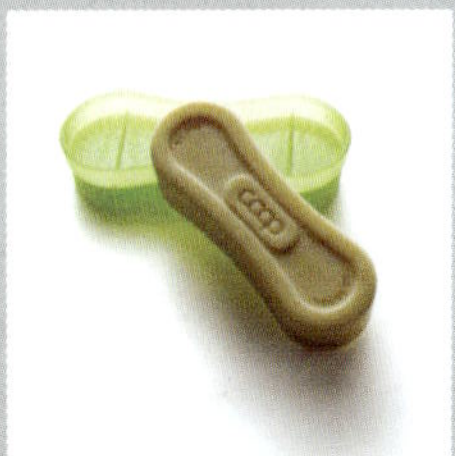

Sapone di Marsiglia
2007

Sapone da bucato. Può essere riposto sulla classica spazzola da bucato in plastica.
materiale: sapone di Marsiglia
produzione: Coop

/ Laundry soap made to fit the typical plastic laundry brush.
/ material: Marseille soap

Snow Chair
2007

Slitta da neve/sdraio.
materiale: acciao inox, PVC rinforzato nylon
produzione: Coroitalia

/ Snow sled/deckchair.
/ material: stainless steel, reinforced nylon PVC
/ production: Coroitalia

Terracotta pencil
2007

Matita oversize per scrivere sulle superfici porose.
materiale: sfridi di produzioni industriali di mattonelle in terracotta
produzione: prototipo, Cotto Chiti

/ Oversize pencil for use on porous surfaces.
/ material: industrial terracotta waste products
/ production: prototype, Cotto Chiti

Tête à Tête
2006

Lampada versatile, dotata di gancio. Per uso domestico o presa di alimentazione per l'uso in auto.
materiale: metallo, organza
produzione: Ruggiu, brand "Light Style"

/ Versatile lamp with a hook that can be used in the home or plugged into any car.
/ material: metal, organza
/ production: Ruggiu, "Light Style" brand

Shop in Shop Coincasadesign
2009 - project assistant: A. Busana

Progetto di "shop in shop" modulare.
materiale: legno
produzione: Gruppo Coin, brand "Coincasadesign"

/ Modular "shop-in-shop" design.
/ material: wood
/ production: Gruppo Coin, "Coincasadesign" brand

Eticometro
2009

Etichetta per vino e alcool test.
materiale: carta adesiva
mostra a invito "Design Escapade", Piemonte - Italia

/ Wine label and alcohol test.
/ material: adhesive paper
/ "Design Escapade" exhibition by invitation, Piemonte - Italy

iB Rubinetterie
2009

Immagine coordinata e Adv "Non c'è niente da ridere".
materiale: corporate, campagna pubblicitaria, packaging, labelling
produzione: iB Rubinetterie

/ Coordinated image and Adv "There's nothing to laugh about."
/ material: corporate, adv campaign, packaging, labelling
/ production: iB Rubinetterie

Sacred Work
2008

Illustrazioni per "Made 05" magazine. Rappresenta il dramma delle morti bianche nella città di Torino (rif. Thyssen Group).
produzione: Made Editori

/ Illustrations for Made05 magazine. Images symbolizing the work-related deaths in the city of Turin (ref. Thyssen Group).
/ production: Made Editori

Time O' Time
2008

Orologio da parete: il contatore digitale misura la vita dell'orologio meccanico.
materiale: legno, meccanismi, scheda, display
mostra a invito "Memoriae Visionariae", Firenze

/ Wall clock: the digital counter measures the life of the mechanical clock.
/ material: wood, mechanisms, electronic cards, display
/ "Memoriae Visionariae" exhibition by invitation, Florence

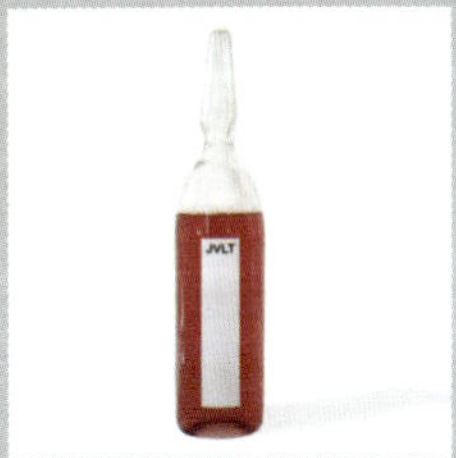

Monodose
2008

Bottiglia per vino, monodose.
materiale: vetro pirex
produzione: Massimo Lunardon, mostra "20Vetri" - Galleria Corraini, Mantova

/ Single-dose wine bottle.
/ material: pyrex glass
/ production: Massimo Lunardon, "20Vetri" exhibition - Corraini Gallery, Mantua

M.A.S.T.
2008

M.A.S.T. Modulo Abilitativo Sensoriale Transitivo. Progetto di allestimento/installazione sensoriale.
produzione: Novabell

/ M.A.S.T. Transitive Sensory Training Module. Exhibit design project/sensory installation.
/ production: Novabell

Drawers
2008

Progetto di allestimento realizzato con casse e cassetti di legno colorati e assemblati tra loro.
produzione: Pitti Immagine - fiera "Pitti Uomo", Firenze

/ Exhibit design project made from colored wooden drawers assembled together.
/ production: Pitti Immagine - exhibition fair "Pitti Uomo," Florence

UseLess is More - objects
2008

8 oggetti di ricerca come prima interpretazione del concetto di "Adesign".
produzione: prototipi, JoeVelluto (JVLT), TURN, Pigreco

/ 8 research objects as a first interpretation of the concept of "Adesign".
/ production: prototype, JoeVelluto (JVLT), TURN, Pigreco

UseLess is More - book
2008

Progetto editoriale di ricerca sul concetto di "Adesign".
materiale: carta, cartoncino grezzo
produzione: distribuito da Edizioni Corraini

/ Publication on research into the concept of "Adesign."
/ material: paper, unprocessed cardboard
/ production: distributed by Edizioni Corraini

Baddy
2009 - project assistant: A. Fabbian

Nano da giardino.
materiale: PE stampato in rotazionale
produzione: Euro 3 Plast, brand "PLUST Collection"

/ Garden dwarf.
/ material: PE rotomolding
/ production: Euro 3 Plast, "PLUST Collection" brand

Bubble Soap
2009

Saponetta per bambini che ingloba un anello per fare le bolle di sapone.
materiale: sapone, plastica
produzione: prototipo

/ Children's soap with a ring for blowing bubbles.
/ material: soap, plastic
/ production: prototype

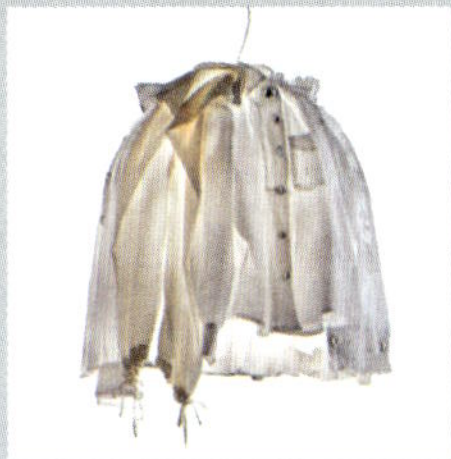

Burlesque
2009

Lampada a sospensione.
materiale: tessuto, Swarovsky, metallo
produzione: P&V Lighting

/ Pendant lamp.
/ material: fabric, Swarovsky, metal
/ production: P&V Lighting

JoeVelluto (JVLT) VS Saturnino
2009

Illustrazione per copertina: JoeVelluto (designer) VS Saturnino (musicista).
produzione: "DDN Free", free magazine sul design

/ Magazine cover illlustration: JoeVelluto (designer) VS Saturnino (Italian musician).
/ production: DDN Free, free design magazine

Design [Crisis]
2009

Mostra sulla crisi economica internazionale, realizzata con cartone grezzo, lettering "hand made", fotocopie.
produzione: JoeVelluto (JVLT) + Yet|Matilde

/ Exhibition on the global economic crisis, made from unprocessed cardboard, handmade lettering, Xerox copies.
/ production: JoeVelluto (JVLT) + Yet|Matilde

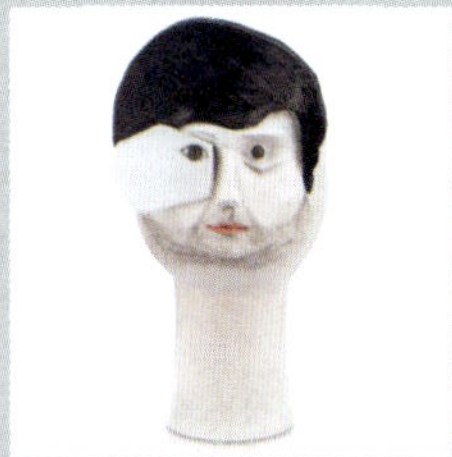

JoeVelluto
2009

Ritratto di JoeVelluto (realizzato dai maestri ceramisti di Nove - VI).
materiale: ceramica
produzione: Naba - Milano, Ass. Futurarium e Superego Ed.

/ Portrait of JoeVelluto (produced by pottery makers in Nove - VI, Italy).
/ material: ceramic
/ production: Naba - Milan, Ass. Futurarium and Superego Ed.

POssessioni
2009 - con/*with* M. Chiurato

Installazione artistica che pone l'attenzione sull'ossessivo desiderio di possessione degli oggetti.
produzione: Fiera di Vicenza

/ Artistic installation that draws attention to the obsessive need to possess objects.
/ production: Vicenza Fair

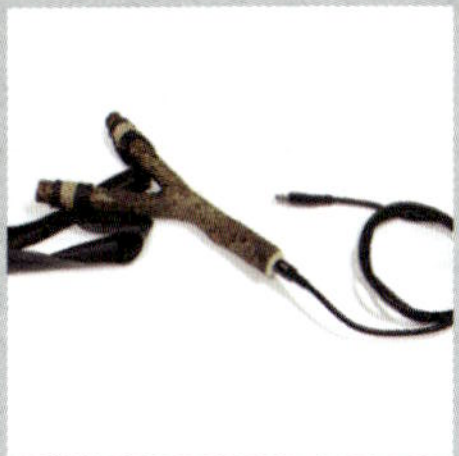

Non ci sono più i giochi di una volta
2009

Fionda USB.
materiale: legno, camera d'aria, cavo USB
mostra a invito "La mano del designer", a cura di FAI + Moleskine, Milano

/ USB sling.
/ material: wood, inner tube, USB cable
/ "La mano del designer" exhibition by invitation, curated by FAI + Moleskine, Milan

Joooin
2009

Elastico multifunzione.
materiale: fettuccia elastica
produzione: Pinetti

/ Multifunctional elastic band.
/ material: elastic ribbon
/ production: Pinetti

Archinatural
2009 - project assistant: A. Busana

Progetto di allestimento composto da 1 elemento modulare in legno, componibile.
produzione: Pitti Immagine - fiera "Pitti Uomo", Firenze

/ Exhibit design project made up of 1 assemblable modular element in wood.
/ production: Pitti Immagine - exhibition fair "Pitti Uomo," Florence

Urban Panorama Records
2009

Progetto di allestimento composto da elementi modulari ispirati al mondo della musica.
produzione: Pitti Immagine + "XL" di Repubblica e Mondo Pop Gallery - fiera "Pitti Uomo", Firenze

/ Exhibit design project made up of modular elements inspired by the world of music.

Replay/Fast Forward Prize
2009

Progetto di trofeo.
materiale: metallo, resina
produzione: Fondazione Buziol, Venezia

/ Trophy project.
/ material: metal, resin
/ production: Fondazione Buziol, Venice

Saving/Space/Vase
2009

Vaso sottoposto a un trattamento di "compressione" subito dopo essere estratto dallo stampo.
materiale: PE stampato in rotazionale
produzione: Euro 3 Plast, brand "PLUST Collection"

/ Vase submitted to "compression" as soon as it comes out of the mold.

Vasement
2009

Vaso che rievoca l'immagine del marciapiede dove la natura cresce spontaneamente.
materiale: marmo
produzione: prototipo, Up Group

/ Vase resembling a sidewalk where nature can grow spontaneously.
/ material: marble
/ production: prototype, Up Group

Bisgatto
2010

Biscotto di pastafrolla che trae ispirazione dal detto popolare "vicentini magnagatti".
materiale: pasta frolla, confettura alla fragola
Mostra "Vicenza, souvenir e memorabilia", Vicenza

/ Pastry biscuit inspired by the popular saying: "Vicentini magnagatti" ["Vicentines eat cats"].
/ material: pastry, strawberry jam
/ "Vicenza, souvenir e memorabilia" exhibition, Vicenza

Collezione Ministeriale
2010 - project assistant: E. Antonello

Collezione di oggetti ispirati all'arredamento "civile" degli spazi pubblici italiani.
materiale: metallo, cuoio
produzione: prototipi

/ Collection of objects inspired by "civil" furnishings for Italy's public spaces.
/ material: metal, leather
/ production: prototypes

Design Tarocco
2010

Illustrazione per copertina del magazine "Design Report". Il design "tarocco" è fragile come un castello di carta.
produzione: Noir Edizioni

/Cover illustration for Design Report magazine. Fake design (Design Tarocco) is as fragile as a house of cards.
/ production: Noir Edizioni

Out/Or
2010

Progetto di spazio fieristico metafora di una "natura architettonica", che utilizza materiali riciclabili.
materiale: cartone, legno
produzione: Euro 3 Plast, brand "PLUST Collection"

/ Project for a trade fair space, a metaphor for "architectural nature" that uses recycled materials.
/ material: cardboard, wood
/ production: Euro 3 Plast, brand "PLUST Collection"

Rascals' Reign
2010 - project assistant: A. Fabbian

Progetto di allestimento con illustrazioni e characters.
produzione: Pitti Immagine - fiera "Pitti Bimbo", Firenze

/ Exhibit design project with illustrations and character drawings.
/ production: Pitti Immagine - exhibition fair "Pitti Bimbo," Florence

Pilework
2010

Progetto di allestimento realizzato con travi di legno che costruiscono imponenti palafitte architettoniche.
<u>produzione</u>: Pitti Immagine - fiera "Pitti Uomo", Firenze

/ Exhibit design project made from wooden beams used to build large architectural pile structures.
/ <u>production</u>: Pitti Immagine - exhibition fair "Pitti Uomo," Florence

PLUST Collection
2010

Progetto di immagine coordinata ispirata a una natura "artificiale" in cartoncino ritagliato.
<u>produzione</u>: Euro 3 Plast, brand "PLUST Collection"

/ Project for a coordinated image inspired by "artificial" nature made from cut-out construction paper.
/ <u>production</u>: Euro 3 Plast, brand "PLUST Collection"

Simple Chair
2010 - project assistant: E. Antonello

Sedia impilabile, solida, ideale per l'esterno.
<u>materiale</u>: PE stampato in rotazionale
<u>produzione</u>: Euro 3 Plast, "PLUST Collection"

/ Stackable chair, solid, ideal for outdoor use.
/ <u>material</u>: PE rotomolding
/ <u>production</u>: Euro 3 Plast, "PLUST Collection"

Walkin' on Glass
2010 - project assistant: A. Fabbian

Modulo in vetro per pavimentazione e rivestimento.
<u>produzione</u>: prototipo, Trend Group
<u>materiale</u>: vetro post-consumo, riciclato al 69%
mostra a invito "Design Sustainable Week", Venezia, Verona

/ Glass module for floors and finishings.
/ <u>material</u>: post-consumption glass, 69% recycled

Make Money with JoeVelluto
2005

Schedine del lotto precompilate con combinazioni vincenti.
<u>materiale</u>: cartoncino, busta, schedina del lotto
<u>produzione</u>: autoproduzione

/ Pre-filled (State) lottery pools with winning combinations.
/ <u>material</u>: cardboard, envelope, lottery pools

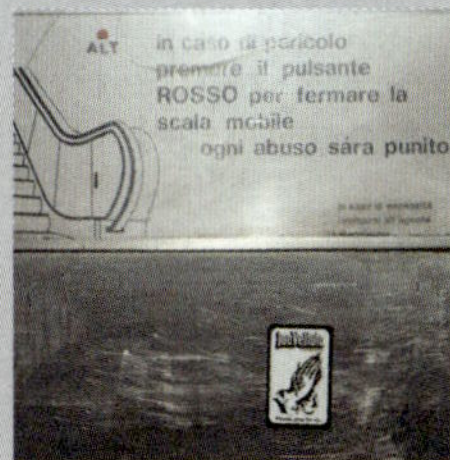

Stickers JoeVelluto
2005-2006

Sticker per guerrilla marketing.
<u>materiale</u>: carta adesiva
<u>produzione</u>: autoproduzione

/ Guerrilla marketing stickers.
/ <u>material</u>: adhesive paper
/ <u>production</u>: self-production